## Across

1. 230 + 324
4. 248 + 374
6. 2010 + 3015
8. 12 + 17
10. 8 + 12
11. 31 + 52
12. 4 + 7
14. 26 + 48
16. 482 + 821
18. 292 + 497
20. 12 + 16

## Down

2. 1964 + 3537
3. 14 + 26
4. 2252 + 4280
5. 10 + 12
7. 12 + 16
9. 397 + 557
13. 711 + 996
14. 3405 + 4427
15. 147 + 266
17. 13 + 25
19. 33 + 65
21. 36 + 49

# Across

1. 230 + 324
4. 248 + 374
6. 2010 + 3015
8. 12 + 17
10. 8 + 12
11. 31 + 52
12. 4 + 7
14. 26 + 48
16. 482 + 821
18. 292 + 497
20. 12 + 16

# Down

2. 1964 + 3537
3. 14 + 26
4. 2252 + 4280
5. 10 + 12
7. 12 + 16
9. 397 + 557
13. 711 + 996
14. 3405 + 4427
15. 147 + 266
17. 13 + 25
19. 33 + 65
21. 36 + 49

## Across
1. 1045 + 1882
3. 25 + 38
5. 3636 + 5818
7. 5 + 7
9. 33 + 44
11. 151 + 182
13. 30 + 55
14. 154 + 278
16. 260 + 417
18. 1252 + 2380
21. 25 + 40
22. 151 + 273
23. 600 + 781

## Down
1. 1187 + 1426
2. 34 + 45
3. 28 + 37
4. 1199 + 2279
6. 20 + 27
8. 7 + 16
10. 34 + 41
12. 144 + 203
15. 801 + 1522
16. 26 + 40
17. 270 + 488
19. 239 + 409
20. 10 + 17
22. 18 + 23

## Across
1. 1045 + 1882
3. 25 + 38
5. 3636 + 5818
7. 5 + 7
9. 33 + 44
11. 151 + 182
13. 30 + 55
14. 154 + 278
16. 260 + 417
18. 1252 + 2380
21. 25 + 40
22. 151 + 273
23. 600 + 781

## Down
1. 1187 + 1426
2. 34 + 45
3. 28 + 37
4. 1199 + 2279
6. 20 + 27
8. 7 + 16
10. 34 + 41
12. 144 + 203
15. 801 + 1522
16. 26 + 40
17. 270 + 488
19. 239 + 409
20. 10 + 17
22. 18 + 23

## Across
1. 2265 + 4306
4. 7 + 14
6. 291 + 466
8. 24 + 42
10. 3471 + 4167
11. 688 + 1034
13. 3660 + 5858
16. 1082 + 1515
18. 13 + 24
19. 24 + 31
22. 59 + 90

## Down
1. 2574 + 4377
2. 3092 + 4640
3. 5 + 10
5. 58 + 105
7. 27 + 50
9. 23 + 45
12. 103 + 196
14. 205 + 370
15. 34 + 52
16. 85 + 146
17. 197 + 377
20. 23 + 28
21. 28 + 48

**Across**
1. 2265 + 4306
4. 7 + 14
6. 291 + 466
8. 24 + 42
10. 3471 + 4167
11. 688 + 1034
13. 3660 + 5858
16. 1082 + 1515
18. 13 + 24
19. 24 + 31
22. 59 + 90

**Down**
1. 2574 + 4377
2. 3092 + 4640
3. 5 + 10
5. 58 + 105
7. 27 + 50
9. 23 + 45
12. 103 + 196
14. 205 + 370
15. 34 + 52
16. 85 + 146
17. 197 + 377
20. 23 + 28
21. 28 + 48

## Across
1. 98 + 148
4. 262 + 446
5. 1114 + 1449
7. 178 + 304
8. 3535 + 6012
9. 37 + 57
11. 1614 + 2100
14. 365 + 549
16. 236 + 402
17. 1485 + 2675
18. 34 + 50
19. 19 + 24

## Down
2. 178 + 250
3. 2836 + 3688
4. 284 + 455
6. 13 + 24
7. 167 + 302
10. 223 + 268
11. 1260 + 2144
12. 601 + 1023
13. 19 + 24
15. 64 + 104
17. 16 + 24

## Across
1. 98 + 148
4. 262 + 446
5. 1114 + 1449
7. 178 + 304
8. 3535 + 6012
9. 37 + 57
11. 1614 + 2100
14. 365 + 549
16. 236 + 402
17. 1485 + 2675
18. 34 + 50

## Down
2. 178 + 250
3. 2836 + 3688
4. 284 + 455
6. 13 + 24
7. 167 + 302
10. 223 + 268
11. 1260 + 2144
12. 601 + 1023
13. 19 + 24
15. 64 + 104
17. 16 + 24

## Across
1. 644 + 1031
3. 7 + 11
5. 11 + 15
6. 407 + 489
7. 320 + 417
9. 2230 + 3346
11. 419 + 672
13. 271 + 461
14. 237 + 357
15. 20 + 30

## Down
1. 48 + 79
2. 2884 + 3751
3. 7 + 12
4. 3619 + 5069
6. 369 + 517
8. 3019 + 4530
10. 37 + 45
11. 6 + 13
12. 57 + 99
13. 256 + 489

**Across**
1. 644 + 1031
3. 7 + 11
5. 11 + 15
6. 407 + 489
7. 320 + 417
9. 2230 + 3346
11. 419 + 672
13. 271 + 461
14. 237 + 357
15. 20 + 30

**Down**
1. 48 + 79
2. 2884 + 3751
3. 7 + 12
4. 3619 + 5069
6. 369 + 517
8. 3019 + 4530
10. 37 + 45
11. 6 + 13
12. 57 + 99
13. 256 + 489

## Across
1. 2837 + 4541
4. 32 + 59
6. 41 + 54
7. 78 + 142
8. 6 + 10
9. 33 + 64
10. 1576 + 2365
11. 15 + 20
12. 326 + 589
14. 252 + 479
16. 220 + 330
17. 9 + 15
18. 16 + 29

## Down
2. 1368 + 2601
3. 28 + 47
4. 32 + 60
5. 394 + 671
7. 11 + 16
8. 4 + 9
9. 39 + 52
11. 134 + 229
12. 355 + 569
13. 23 + 32
14. 31 + 39
15. 4 + 8

## Grid

| ¹7 | ²3 | ³7 | 8 | ■ | ⁴9 | ⁵1 | ■ |
| ■ | ⁶9 | 5 | ■ | ⁷2 | 2 | 0 | ■ |
| ⁸1 | 6 | ■ | ⁹9 | 7 | ■ | 6 | ■ |
| ¹⁰3 | 9 | 4 | 1 | ■ | ¹¹3 | 5 | ■ |
| ■ | ■ | ■ | ■ | ■ | 6 | ■ | ■ |
| ¹²9 | 1 | ¹³5 | ■ | ¹⁴7 | 3 | ¹⁵1 | ■ |
| 2 | ■ | ¹⁶5 | 5 | 0 | ■ | ¹⁷2 | 4 |
| ¹⁸4 | 5 | ■ | ■ | ■ | ■ | ■ | ■ |

## Across
1. 2837 + 4541
4. 32 + 59
6. 41 + 54
7. 78 + 142
8. 6 + 10
9. 33 + 64
10. 1576 + 2365
11. 15 + 20
12. 326 + 589
14. 252 + 479
16. 220 + 330
17. 9 + 15
18. 16 + 29

## Down
2. 1368 + 2601
3. 28 + 47
4. 32 + 60
5. 394 + 671
7. 11 + 16
8. 4 + 9
9. 39 + 52
11. 134 + 229
12. 355 + 569
13. 23 + 32
14. 31 + 39
15. 4 + 8

## Across
1. 2997 + 4198
3. 119 + 216
4. 155 + 266
5. 6 + 10
7. 177 + 338
11. 292 + 557
12. 243 + 389
13. 17 + 25
16. 309 + 434
17. 3 + 8

## Down
1. 289 + 492
2. 200 + 340
3. 131 + 184
6. 21 + 42
8. 72 + 108
9. 228 + 366
10. 67 + 96
11. 3764 + 4517
14. 10 + 17
15. 273 + 465

Across
1. 2997 + 4198
3. 119 + 216
4. 155 + 266
5. 6 + 10
7. 177 + 338
11. 292 + 557
12. 243 + 389
13. 17 + 25
16. 309 + 434
17. 3 + 8

Down
1. 289 + 492
2. 200 + 340
3. 131 + 184
6. 21 + 42
8. 72 + 108
9. 228 + 366
10. 67 + 96
11. 3764 + 4517
14. 10 + 17
15. 273 + 465

## Across

1. 16 + 30
4. 63 + 96
6. 974 + 1364
8. 2980 + 5664
10. 323 + 422
12. 316 + 380
13. 9 + 15
14. 20 + 39
15. 217 + 349
18. 1566 + 2820
20. 2413 + 4586

## Down

1. 151 + 273
2. 28 + 35
3. 167 + 219
4. 747 + 1197
5. 434 + 521
7. 1729 + 2077
9. 189 + 284
11. 2408 + 2890
12. 2341 + 4215
14. 18 + 35
16. 25 + 44
17. 26 + 43
19. 24 + 45

| | | | | | | | |
|---|---|---|---|---|---|---|---|
| ¹4 | ²6 | ■ | ³3 | ■ | ⁴1 | 5 | ⁵9 |
| ⁶2 | 3 | ⁷3 | 8 | ■ | 9 | ■ | 5 |
| 4 | ■ | ⁸8 | 6 | ⁹4 | 4 | ■ | 5 |
| ■ | ■ | 0 | ■ | ¹⁰7 | 4 | ¹¹5 | ■ |
| ¹²6 | 9 | 6 | ■ | 3 | ■ | ¹³2 | 4 |
| 5 | ■ | ■ | ■ | ■ | ¹⁴5 | 9 | ■ |
| ¹⁵5 | ¹⁶6 | ¹⁷6 | ■ | ¹⁸4 | 3 | 8 | ¹⁹6 |
| ²⁰6 | 9 | 9 | 9 | ■ | ■ | ■ | 9 |

**Across**
1. 16 + 30
4. 63 + 96
6. 974 + 1364
8. 2980 + 5664
10. 323 + 422
12. 316 + 380
13. 9 + 15
14. 20 + 39
15. 217 + 349
18. 1566 + 2820
20. 2413 + 4586

**Down**
1. 151 + 273
2. 28 + 35
3. 167 + 219
4. 747 + 1197
5. 434 + 521
7. 1729 + 2077
9. 189 + 284
11. 2408 + 2890
12. 2341 + 4215
14. 18 + 35
16. 25 + 44
17. 26 + 43
19. 24 + 45

## Across

1. 243 + 462
3. 2767 + 5260
4. 60 + 96
5. 7 + 14
7. 2784 + 4455
9. 271 + 408
10. 24 + 43
11. 32 + 52
13. 3619 + 4344
15. 3159 + 4739
17. 47 + 76
18. 28 + 37

## Down

1. 321 + 451
2. 19 + 32
3. 3944 + 4733
6. 473 + 806
8. 114 + 184
9. 278 + 335
10. 2793 + 3912
12. 1702 + 2894
14. 225 + 406
15. 25 + 48
16. 30 + 55

**Across**
1.  243 + 462
3.  2767 + 5260
4.  60 + 96
5.  7 + 14
7.  2784 + 4455
9.  271 + 408
10. 24 + 43
11. 32 + 52
13. 3619 + 4344
15. 3159 + 4739
17. 47 + 76
18. 28 + 37

**Down**
1.  321 + 451
2.  19 + 32
3.  3944 + 4733
6.  473 + 806
8.  114 + 184
9.  278 + 335
10. 2793 + 3912
12. 1702 + 2894
14. 225 + 406
15. 25 + 48
16. 30 + 55

## Across

1. 4357 + 5229
4. 11 + 21
6. 28 + 51
7. 3809 + 5335
9. 40 + 49
10. 9 + 16
12. 283 + 368
15. 2506 + 3509
17. 2813 + 3376
19. 7 + 12
20. 11 + 20
22. 39 + 59
24. 35 + 64
25. 34 + 63

## Down

1. 3468 + 6244
2. 24 + 35
3. 2910 + 4076
4. 11 + 23
5. 10 + 14
8. 782 + 1174
11. 182 + 329
13. 36 + 65
14. 6 + 9
16. 832 + 1167
17. 21 + 42
18. 37 + 56
21. 4 + 10
23. 33 + 54

| | | | | | | | |
|---|---|---|---|---|---|---|---|
| ¹9 | ²5 | 8 | ³6 | ■ | ⁴3 | ⁵2 | ■ |
| ⁶7 | 9 | ■ | ⁷9 | ⁸1 | 4 | 4 | ■ |
| 1 | ■ | ■ | ⁹8 | 9 | ■ | ■ | ■ |
| ¹⁰2 | ¹¹5 | ■ | ¹²6 | 5 | ¹³1 | ■ | ¹⁴1 |
| ■ | 1 | ■ | ■ | ¹⁵6 | 0 | ¹⁶1 | 5 |
| ¹⁷6 | 1 | 8 | ¹⁸9 | ■ | ¹⁹1 | 9 | ■ |
| 3 | ■ | ■ | ²⁰3 | ²¹1 | ■ | ²²9 | ²³8 |
| ■ | ²⁴9 | 9 | ■ | 4 | ■ | ²⁵9 | 7 |

Across
1. 4357 + 5229
4. 11 + 21
6. 28 + 51
7. 3809 + 5335
9. 40 + 49
10. 9 + 16
12. 283 + 368
15. 2506 + 3509
17. 2813 + 3376
19. 7 + 12
20. 11 + 20
22. 39 + 59
24. 35 + 64
25. 34 + 63

Down
1. 3468 + 6244
2. 24 + 35
3. 2910 + 4076
4. 11 + 23
5. 10 + 14
8. 782 + 1174
11. 182 + 329
13. 36 + 65
14. 6 + 9
16. 832 + 1167
17. 21 + 42
18. 37 + 56
21. 4 + 10
23. 33 + 54

## Across

1. 352 + 599
3. 94 + 132
4. 47 + 71
5. 161 + 306
7. 647 + 1167
10. 16 + 28
11. 7 + 10
12. 9 + 19
13. 10 + 15
14. 162 + 228
16. 3355 + 5705
17. 32 + 43

## Down

1. 347 + 627
2. 469 + 705
3. 122 + 159
6. 231 + 416
8. 30 + 52
9. 1974 + 2766
11. 90 + 109
12. 895 + 1613
13. 10 + 16
14. 14 + 23
15. 432 + 520

## Across

1.   352 + 599
3.   94 + 132
4.   47 + 71
5.   161 + 306
7.   647 + 1167
10.  16 + 28
11.  7 + 10
12.  9 + 19
13.  10 + 15
14.  162 + 228
16.  3355 + 5705
17.  32 + 43

## Down

1.   347 + 627
2.   469 + 705
3.   122 + 159
6.   231 + 416
8.   30 + 52
9.   1974 + 2766
11.  90 + 109
12.  895 + 1613
13.  10 + 16
14.  14 + 23
15.  432 + 520

## Across

1. 283 + 538
3. 3705 + 5189
6. 3412 + 4437
7. 38 + 46
9. 43 + 53
10. 284 + 485
13. 5 + 9
14. 28 + 48
15. 3159 + 5056
17. 291 + 466
18. 2806 + 3650
19. 29 + 43

## Down

1. 3354 + 5033
2. 7 + 10
3. 3396 + 5096
4. 407 + 489
5. 177 + 301
8. 1844 + 2768
11. 3487 + 5929
12. 273 + 492
14. 3236 + 4531
15. 33 + 55
16. 187 + 357

| | | | | | | | |
|---|---|---|---|---|---|---|---|
| ¹8 | 2 | ²1 | ■ | ³8 | ⁴8 | 9 | ⁵4 |
| 3 | ■ | ⁶7 | 8 | 4 | 9 | ■ | 7 |
| ⁷8 | ⁸4 | ■ | ■ | ⁹9 | 6 | ■ | 8 |
| ¹⁰7 | 6 | ¹¹9 | ■ | 2 | ■ | ¹²7 | ■ |
| ■ | ¹³1 | 4 | ■ | ■ | ¹⁴7 | 6 | ■ |
| ¹⁵8 | 2 | 1 | ¹⁶5 | ■ | ¹⁷7 | 5 | 7 |
| 8 | ■ | ¹⁸6 | 4 | 5 | 6 | ■ | ■ |
| ■ | ■ | ■ | 4 | ■ | ¹⁹7 | 2 | |

Across
1.    283 + 538
3.    3705 + 5189
6.    3412 + 4437
7.    38 + 46
9.    43 + 53
10.   284 + 485
13.   5 + 9
14.   28 + 48
15.   3159 + 5056
17.   291 + 466
18.   2806 + 3650
19.   29 + 43

Down
1.    3354 + 5033
2.    7 + 10
3.    3396 + 5096
4.    407 + 489
5.    177 + 301
8.    1844 + 2768
11.   3487 + 5929
12.   273 + 492
14.   3236 + 4531
15.   33 + 55
16.   187 + 357

## Across

| | |
|---|---|
| 1. | 1208 + 1451 |
| 3. | 14 + 19 |
| 4. | 209 + 378 |
| 7. | 20 + 36 |
| 9. | 2098 + 3358 |
| 10. | 37 + 57 |
| 11. | 2519 + 3780 |
| 15. | 2595 + 4414 |
| 16. | 1553 + 2485 |
| 19. | 363 + 473 |
| 20. | 4 + 7 |

## Down

| | |
|---|---|
| 1. | 947 + 1612 |
| 2. | 38 + 57 |
| 3. | 138 + 236 |
| 5. | 31 + 54 |
| 6. | 115 + 150 |
| 8. | 269 + 377 |
| 12. | 4076 + 5707 |
| 13. | 36 + 54 |
| 14. | 4 + 10 |
| 17. | 16 + 22 |
| 18. | 25 + 46 |

# Across / Down Number Crossword

Grid entries (as filled):

| 2 | 6 | 5 | 9 | ■ | 3 | 3 | ■ |
|---|---|---|---|---|---|---|---|
| 5 | ■ | ■ | 5 | 8 | 7 | ■ | 2 |
| 5 | 6 | ■ | ■ | 5 | 4 | 5 | 6 |
| 9 | 4 | ■ | ■ | ■ | ■ | ■ | 5 |
| ■ | 6 | 2 | 9 | 9 | ■ | ■ | ■ |
| 1 | ■ | 7 | 0 | 0 | 9 | ■ | ■ |
| 4 | 0 | 3 | 8 | ■ | ■ | ■ | 7 |
| ■ | 8 | 3 | 6 | ■ | ■ | 1 | 1 |

## Across
1. 1208 + 1451
3. 14 + 19
4. 209 + 378
7. 20 + 36
9. 2098 + 3358
10. 37 + 57
11. 2519 + 3780
15. 2595 + 4414
16. 1553 + 2485
19. 363 + 473
20. 4 + 7

## Down
1. 947 + 1612
2. 38 + 57
3. 138 + 236
5. 31 + 54
6. 115 + 150
8. 269 + 377
12. 4076 + 5707
13. 36 + 54
14. 4 + 10
17. 16 + 22
18. 25 + 46

## Across

1. 3344 + 6020
3. 348 + 419
4. 297 + 447
6. 27 + 48
8. 3515 + 4570
10. 323 + 420
11. 6 + 9
12. 327 + 556
14. 40 + 49
16. 209 + 253
18. 135 + 163

## Down

1. 386 + 541
2. 20 + 27
3. 2741 + 4662
5. 179 + 305
7. 2060 + 3298
9. 206 + 311
11. 772 + 1082
13. 178 + 214
14. 368 + 480
15. 36 + 60
17. 8 + 12

# Across
1. 3344 + 6020
3. 348 + 419
4. 297 + 447
6. 27 + 48
8. 3515 + 4570
10. 323 + 420
11. 6 + 9
12. 327 + 556
14. 40 + 49
16. 209 + 253
18. 135 + 163

# Down
1. 386 + 541
2. 20 + 27
3. 2741 + 4662
5. 179 + 305
7. 2060 + 3298
9. 206 + 311
11. 772 + 1082
13. 178 + 214
14. 368 + 480
15. 36 + 60
17. 8 + 12

# Crossword Grid

| 1 | | 2 | ■ | 3 | | 4 | ■ |
|---|---|---|---|---|---|---|---|
| | ■ | 5 | | | ■ | 6 | |
| 7 | 8 | ■ | ■ | 9 | 10 | ■ | ■ |
| ■ | 11 | 12 | ■ | ■ | 13 | 14 | ■ |
| 15 | | | ■ | 16 | ■ | 17 | 18 |
| | ■ | 19 | | | ■ | ■ | |
| | ■ | ■ | ■ | 20 | 21 | 22 | ■ |
| 23 | | | ■ | ■ | 24 | | ■ |

## Across

1. 328 + 625
3. 364 + 584
5. 113 + 170
6. 9 + 16
7. 27 + 41
9. 17 + 30
11. 15 + 20
13. 19 + 24
15. 55 + 100
17. 22 + 44
19. 409 + 575
20. 311 + 500
23. 160 + 272
24. 8 + 16

## Down

1. 327 + 589
2. 12 + 20
3. 406 + 528
4. 37 + 45
8. 287 + 548
10. 33 + 41
12. 232 + 327
14. 15 + 21
15. 512 + 922
16. 52 + 96
18. 29 + 36
21. 5 + 7
22. 6 + 8

## Across
1. 328 + 625
3. 364 + 584
5. 113 + 170
6. 9 + 16
7. 27 + 41
9. 17 + 30
11. 15 + 20
13. 19 + 24
15. 55 + 100
17. 22 + 44
19. 409 + 575
20. 311 + 500
23. 160 + 272
24. 8 + 16

## Down
1. 327 + 589
2. 12 + 20
3. 406 + 528
4. 37 + 45
8. 287 + 548
10. 33 + 41
12. 232 + 327
14. 15 + 21
15. 512 + 922
16. 52 + 96
18. 29 + 36
21. 5 + 7
22. 6 + 8

## Across

1. 615 + 923
3. 28 + 46
5. 35 + 58
7. 23 + 45
8. 283 + 369
10. 207 + 311
11. 16 + 24
12. 26 + 33
13. 33 + 55
14. 1545 + 2474
16. 2471 + 4450
18. 30 + 43
20. 117 + 142
22. 173 + 244
23. 13 + 26

## Down

1. 601 + 963
2. 34 + 55
4. 1616 + 3072
6. 1632 + 1959
9. 20 + 30
12. 208 + 293
14. 1533 + 2761
15. 33 + 64
16. 259 + 363
17. 35 + 60
19. 144 + 189
21. 31 + 56

| 1:1 | 5 | 3 | 2:8 | ■ | 3:7 | 4:4 | ■ |
|---|---|---|---|---|---|---|---|
| 5 | ■ | ■ | 5:9 | 6:3 | ■ | 7:6 | 8 |
| 8:6 | 9:5 | 2 | ■ | 10:5 | 1 | 8 | ■ |
| 11:4 | 0 | ■ | 12:5 | 9 | ■ | 13:8 | 8 |
| ■ | ■ | 14:4 | 0 | 1 | 15:9 | ■ | ■ |
| 16:6 | 17:9 | 2 | 1 | ■ | 18:7 | 19:3 | ■ |
| 20:2 | 5 | 9 | ■ | 21:8 | ■ | 3 | ■ |
| 2 | ■ | 22:4 | 1 | 7 | ■ | 23:3 | 9 |

**Across**

1.   615 + 923
3.   28 + 46
5.   35 + 58
7.   23 + 45
8.   283 + 369
10.  207 + 311
11.  16 + 24
12.  26 + 33
13.  33 + 55
14.  1545 + 2474
16.  2471 + 4450
18.  30 + 43
20.  117 + 142
22.  173 + 244
23.  13 + 26

**Down**

1.   601 + 963
2.   34 + 55
4.   1616 + 3072
6.   1632 + 1959
9.   20 + 30
12.  208 + 293
14.  1533 + 2761
15.  33 + 64
16.  259 + 363
17.  35 + 60
19.  144 + 189
21.  31 + 56

## Across

1. 279 + 532
4. 3395 + 4076
7. 375 + 489
8. 234 + 375
9. 302 + 455
11. 1907 + 3625
14. 6 + 8
15. 18 + 32
16. 236 + 425
18. 22 + 33
19. 446 + 536
20. 281 + 536

## Down

1. 3690 + 5167
2. 6 + 10
3. 550 + 935
4. 31 + 45
5. 1850 + 2222
6. 331 + 464
10. 2927 + 4978
12. 212 + 299
13. 15 + 19
15. 232 + 325
16. 28 + 40
17. 24 + 38
20. 34 + 51

## Across

1. 279 + 532
4. 3395 + 4076
7. 375 + 489
8. 234 + 375
9. 302 + 455
11. 1907 + 3625
14. 6 + 8
15. 18 + 32
16. 236 + 425
18. 22 + 33
19. 446 + 536
20. 281 + 536

## Down

1. 3690 + 5167
2. 6 + 10
3. 550 + 935
4. 31 + 45
5. 1850 + 2222
6. 331 + 464
10. 2927 + 4978
12. 212 + 299
13. 15 + 19
15. 232 + 325
16. 28 + 40
17. 24 + 38
20. 34 + 51

## Across

1. 264 + 477
4. 248 + 348
7. 21 + 32
8. 174 + 333
9. 26 + 34
10. 676 + 947
11. 13 + 19
12. 29 + 56
14. 333 + 535
16. 3015 + 3620
18. 8 + 15
20. 14 + 25
22. 325 + 423

## Down

2. 166 + 284
3. 4 + 9
4. 213 + 343
5. 375 + 527
6. 2804 + 3927
9. 2587 + 4399
10. 443 + 842
13. 225 + 338
15. 34 + 48
17. 16 + 23
19. 130 + 208
21. 20 + 37

## Across
1. 264 + 477
4. 248 + 348
7. 21 + 32
8. 174 + 333
9. 26 + 34
10. 676 + 947
11. 13 + 19
12. 29 + 56
14. 333 + 535
16. 3015 + 3620
18. 8 + 15
20. 14 + 25
22. 325 + 423

## Down
2. 166 + 284
3. 4 + 9
4. 213 + 343
5. 375 + 527
6. 2804 + 3927
9. 2587 + 4399
10. 443 + 842
13. 225 + 338
15. 34 + 48
17. 16 + 23
19. 130 + 208
21. 20 + 37

## Across
1. 787 + 1102
6. 503 + 806
8. 25 + 42
10. 4320 + 5617
11. 103 + 165
13. 7 + 12
14. 2564 + 4872
16. 25 + 38
17. 2824 + 4519
19. 10 + 21
20. 38 + 55

## Down
2. 35 + 46
3. 2991 + 5385
4. 33 + 57
5. 165 + 198
7. 44 + 55
9. 336 + 439
11. 10 + 19
12. 3639 + 5095
15. 279 + 393
16. 28 + 35
17. 25 + 46
18. 16 + 23

**Across**
1. 787 + 1102
6. 503 + 806
8. 25 + 42
10. 4320 + 5617
11. 103 + 165
13. 7 + 12
14. 2564 + 4872
16. 25 + 38
17. 2824 + 4519
19. 10 + 21
20. 38 + 55

**Down**
2. 35 + 46
3. 2991 + 5385
4. 33 + 57
5. 165 + 198
7. 44 + 55
9. 336 + 439
11. 10 + 19
12. 3639 + 5095
15. 279 + 393
16. 28 + 35
17. 25 + 46
18. 16 + 23

## Across
1. 273 + 383
4. 193 + 252
7. 57 + 105
8. 1492 + 2537
10. 199 + 379
11. 31 + 48
12. 37 + 45
14. 22 + 38
15. 33 + 45
17. 3777 + 4911
18. 228 + 436
20. 491 + 688
21. 266 + 401

## Down
1. 219 + 397
2. 22 + 34
3. 2318 + 3941
4. 1602 + 2886
5. 16 + 24
6. 22 + 30
9. 37 + 53
11. 261 + 445
13. 11 + 16
14. 2850 + 3991
16. 2987 + 5379
18. 28 + 38
19. 16 + 31

**Across**
1. 273 + 383
4. 193 + 252
7. 57 + 105
8. 1492 + 2537
10. 199 + 379
11. 31 + 48
12. 37 + 45
14. 22 + 38
15. 33 + 45
17. 3777 + 4911
18. 228 + 436
20. 491 + 688
21. 266 + 401

**Down**
1. 219 + 397
2. 22 + 34
3. 2318 + 3941
4. 1602 + 2886
5. 16 + 24
6. 22 + 30
9. 37 + 53
11. 261 + 445
13. 11 + 16
14. 2850 + 3991
16. 2987 + 5379
18. 28 + 38
19. 16 + 31

## Across

1. 636 + 891
3. 287 + 374
5. 404 + 689
6. 76 + 108
9. 154 + 280
10. 2887 + 5199
12. 26 + 46
13. 419 + 503
17. 21 + 33
18. 2782 + 5286
19. 20 + 25
20. 72 + 109

## Down

1. 41 + 70
2. 26 + 45
3. 315 + 379
4. 234 + 399
7. 339 + 543
8. 16 + 24
11. 23 + 46
12. 29 + 47
14. 1032 + 1549
15. 8 + 16
16. 320 + 385
18. 36 + 48

# Number Crossword

| | | | | | | | |
|---|---|---|---|---|---|---|---|
| ¹1 | 5 | 2 | ²7 | ■ | ³6 | ⁴6 | 1 |
| 1 | ■ | ■ | ⁵1 | 0 | 9 | 3 | ■ |
| ⁶1 | ⁷8 | ⁸4 | ■ | ■ | ⁹4 | 3 | 4 |
| ■ | ¹⁰8 | 0 | 8 | ¹¹6 | ■ | ■ | ■ |
| ¹²7 | 2 | ■ | ■ | ¹³9 | ¹⁴2 | ¹⁵2 | ■ |
| 6 | ■ | ■ | ¹⁶7 | ■ | ¹⁷5 | 4 | ■ |
| ■ | ■ | ¹⁸8 | 0 | 6 | 8 | ■ | ■ |
| ■ | ■ | ¹⁹4 | 5 | ■ | ²⁰1 | 8 | 1 |

**Across**
1. 636 + 891
3. 287 + 374
5. 404 + 689
6. 76 + 108
9. 154 + 280
10. 2887 + 5199
12. 26 + 46
13. 419 + 503
17. 21 + 33
18. 2782 + 5286
19. 20 + 25
20. 72 + 109

**Down**
1. 41 + 70
2. 26 + 45
3. 315 + 379
4. 234 + 399
7. 339 + 543
8. 16 + 24
11. 23 + 46
12. 29 + 47
14. 1032 + 1549
15. 8 + 16
16. 320 + 385
18. 36 + 48

## Across

2. 19 + 29
4. 27 + 50
6. 3046 + 4569
8. 41 + 55
9. 866 + 1473
10. 3312 + 4969
12. 26 + 51
14. 19 + 28
16. 21 + 40
17. 17 + 33
18. 108 + 207
20. 69 + 99
21. 270 + 459

## Down

1. 20 + 27
2. 17 + 24
3. 3873 + 4648
4. 283 + 510
5. 2654 + 5043
7. 211 + 401
10. 3164 + 5379
11. 36 + 45
13. 3377 + 5742
15. 24 + 47
17. 235 + 354
19. 20 + 37

| | | | | | | | |
|---|---|---|---|---|---|---|---|
| ¹4 | ■ | ²4 | ³8 | ■ | ⁴7 | ⁵7 | ■ |
| ⁶7 | ⁷6 | 1 | 5 | ■ | ⁸9 | 6 | ■ |
| ■ | 1 | ■ | ⁹2 | 3 | 3 | 9 | ■ |
| ¹⁰8 | 2 | ¹¹8 | 1 | ■ | ■ | ¹²7 | 7 |
| 5 | ■ | 1 | ■ | ¹³9 | ■ | ■ | |
| ¹⁴4 | ¹⁵7 | ■ | ¹⁶6 | 1 | ■ | ¹⁷5 | 0 |
| ¹⁸3 | 1 | ¹⁹5 | ■ | ²⁰1 | 6 | 8 | ■ |
| ■ | ■ | ²¹7 | 2 | 9 | ■ | 9 | ■ |

**Across**
2. 19 + 29
4. 27 + 50
6. 3046 + 4569
8. 41 + 55
9. 866 + 1473
10. 3312 + 4969
12. 26 + 51
14. 19 + 28
16. 21 + 40
17. 17 + 33
18. 108 + 207
20. 69 + 99
21. 270 + 459

**Down**
1. 20 + 27
2. 17 + 24
3. 3873 + 4648
4. 283 + 510
5. 2654 + 5043
7. 211 + 401
10. 3164 + 5379
11. 36 + 45
13. 3377 + 5742
15. 24 + 47
17. 235 + 354
19. 20 + 37

## Across
1. 2181 + 3273
4. 184 + 295
6. 22 + 29
7. 406 + 570
9. 724 + 871
12. 22 + 35
14. 5 + 7
16. 32 + 46
17. 65 + 117
19. 68 + 116
22. 5 + 7
23. 245 + 392

## Down
1. 2228 + 3343
2. 14 + 27
3. 19 + 30
4. 1939 + 2716
5. 35 + 64
8. 7 + 12
10. 227 + 341
11. 18 + 33
13. 33 + 44
15. 1044 + 1672
17. 34 + 67
18. 10 + 15
20. 31 + 52
21. 18 + 29

# Across / Down Number Puzzle

| | | | | | | | |
|---|---|---|---|---|---|---|---|
| ¹5 | ²4 | 5 | ³4 | ■ | ⁴4 | 7 | ⁵9 |
| ⁶5 | 1 | ■ | ⁷9 | 7 | 6 | ■ | 9 |
| 7 | ■ | ⁸1 | ■ | ■ | 5 | ■ | ■ |
| ⁹1 | ¹⁰5 | 9 | ¹¹5 | ■ | ¹²5 | ¹³7 | ■ |
| ■ | 6 | ■ | ¹⁴1 | ¹⁵2 | ■ | ¹⁶7 | 8 |
| ¹⁷1 | 8 | ¹⁸2 | ■ | 7 | ■ | ■ | ■ |
| 0 | ■ | 5 | ■ | ¹⁹1 | ²⁰8 | ²¹4 | ■ |
| ²²1 | 2 | ■ | ■ | ²³6 | 3 | 7 | ■ |

**Across**
1. 2181 + 3273
4. 184 + 295
6. 22 + 29
7. 406 + 570
9. 724 + 871
12. 22 + 35
14. 5 + 7
16. 32 + 46
17. 65 + 117
19. 68 + 116
22. 5 + 7
23. 245 + 392

**Down**
1. 2228 + 3343
2. 14 + 27
3. 19 + 30
4. 1939 + 2716
5. 35 + 64
8. 7 + 12
10. 227 + 341
11. 18 + 33
13. 33 + 44
15. 1044 + 1672
17. 34 + 67
18. 10 + 15
20. 31 + 52
21. 18 + 29

## Across

1. 14 + 25
3. 2885 + 5482
6. 373 + 523
7. 35 + 54
8. 36 + 51
9. 109 + 175
13. 77 + 140
16. 1762 + 2997
18. 269 + 379
21. 186 + 224
22. 5 + 11

## Down

2. 394 + 593
3. 3204 + 5448
4. 26 + 42
5. 305 + 488
8. 330 + 562
10. 34 + 50
11. 20 + 27
12. 39 + 60
14. 6 + 10
15. 25 + 49
17. 200 + 381
19. 366 + 513
20. 21 + 30
21. 17 + 29

## Across

1. 14 + 25
3. 2885 + 5482
6. 373 + 523
7. 35 + 54
8. 36 + 51
9. 109 + 175
13. 77 + 140
16. 1762 + 2997
18. 269 + 379
21. 186 + 224
22. 5 + 11

## Down

2. 394 + 593
3. 3204 + 5448
4. 26 + 42
5. 305 + 488
8. 330 + 562
10. 34 + 50
11. 20 + 27
12. 39 + 60
14. 6 + 10
15. 25 + 49
17. 200 + 381
19. 366 + 513
20. 21 + 30
21. 17 + 29

## Across

1. 109 + 133
4. 2823 + 3672
5. 2258 + 3841
6. 389 + 507
8. 261 + 471
10. 3108 + 4973
12. 11 + 21
13. 227 + 365
14. 165 + 215
16. 9 + 16
17. 16 + 21

## Down

2. 19 + 27
3. 715 + 1288
4. 303 + 395
7. 2781 + 3338
8. 32 + 42
9. 112 + 170
11. 3563 + 4990
12. 13 + 17
14. 13 + 19
15. 35 + 50

| | | | | | | | |
|---|---|---|---|---|---|---|---|
| ¹2 | ²4 | ³2 | ■ | ⁴6 | 4 | 9 | 5 |
| ■ | ⁵6 | 0 | 9 | 9 | ■ | ■ | ■ |
| ■ | 0 | ■ | ⁶8 | 9 | ⁷6 | ■ | |
| ⁸7 | 3 | ⁹2 | ■ | | 1 | | |
| 4 | ■ | ¹⁰8 | 0 | ¹¹8 | 1 | ■ | |
| ■ | ¹²3 | 2 | ■ | ¹³5 | 9 | 2 | ■ |
| ¹⁴3 | ¹⁵8 | 0 | ■ | 5 | ■ | | |
| ¹⁶2 | 5 | ■ | ¹⁷3 | 7 | ■ | | |

**Across**
1.   109 + 133
4.   2823 + 3672
5.   2258 + 3841
6.   389 + 507
8.   261 + 471
10.  3108 + 4973
12.  11 + 21
13.  227 + 365
14.  165 + 215
16.  9 + 16
17.  16 + 21

**Down**
2.   19 + 27
3.   715 + 1288
4.   303 + 395
7.   2781 + 3338
8.   32 + 42
9.   112 + 170
11.  3563 + 4990
12.  13 + 17
14.  13 + 19
15.  35 + 50

## Across
1. 3850 + 5391
3. 311 + 500
4. 47 + 58
5. 95 + 173
8. 32 + 49
10. 3726 + 5962
12. 15 + 27
13. 152 + 289
14. 20 + 32
15. 5 + 12
16. 1601 + 2083
18. 2988 + 4781

## Down
1. 409 + 533
2. 5 + 6
3. 357 + 501
6. 2670 + 4272
7. 318 + 543
9. 586 + 881
11. 37 + 50
13. 196 + 255
15. 52 + 95
16. 15 + 23
17. 34 + 53

**Across**

1. 3850 + 5391
3. 311 + 500
4. 47 + 58
5. 95 + 173
8. 32 + 49
10. 3726 + 5962
12. 15 + 27
13. 152 + 289
14. 20 + 32
15. 5 + 12
16. 1601 + 2083
18. 2988 + 4781

**Down**

1. 409 + 533
2. 5 + 6
3. 357 + 501
6. 2670 + 4272
7. 318 + 543
9. 586 + 881
11. 37 + 50
13. 196 + 255
15. 52 + 95
16. 15 + 23
17. 34 + 53

## Across
1. 7 + 10
2. 9 + 13
4. 18 + 31
5. 29 + 40
6. 17 + 35
8. 2822 + 4516
9. 351 + 562
10. 297 + 536
11. 30 + 44
12. 5 + 7
13. 22 + 36
14. 36 + 47
16. 305 + 550
18. 2259 + 3615

## Down
1. 71 + 94
2. 1189 + 1784
3. 708 + 1275
5. 2200 + 4182
7. 108 + 186
11. 271 + 517
12. 66 + 119
14. 39 + 48
15. 12 + 22
17. 22 + 35

## Across

1. 7 + 10
2. 9 + 13
4. 18 + 31
5. 29 + 40
6. 17 + 35
8. 2822 + 4516
9. 351 + 562
10. 297 + 536
11. 30 + 44
12. 5 + 7
13. 22 + 36
14. 36 + 47
16. 305 + 550
18. 2259 + 3615

## Down

1. 71 + 94
2. 1189 + 1784
3. 708 + 1275
5. 2200 + 4182
7. 108 + 186
11. 271 + 517
12. 66 + 119
14. 39 + 48
15. 12 + 22
17. 22 + 35

## Across

1. 192 + 309
3. 39 + 48
6. 16 + 27
8. 76 + 138
10. 156 + 205
11. 19 + 25
12. 24 + 35
13. 21 + 36
14. 11 + 17
15. 146 + 190
17. 13 + 24
19. 1359 + 2039
20. 417 + 502

## Down

1. 21 + 38
2. 52 + 94
4. 329 + 395
5. 36 + 58
7. 131 + 184
9. 531 + 957
10. 1774 + 2129
14. 124 + 149
15. 146 + 250
16. 257 + 412
17. 154 + 185
18. 123 + 161

## Grid

|   |   |   |   |   |   |   |   |
|---|---|---|---|---|---|---|---|
| ¹5 | 0 | ²1 | ■ | ³8 | ⁴7 | ■ | ⁵9 |
| 9 | ■ | ⁶4 | ⁷3 | ■ | ⁸2 | ⁹1 | 4 |
| ■ | ¹⁰3 | 6 | 1 | ■ | ¹¹4 | 4 | ■ |
| ¹²5 | 9 | ■ | ¹³5 | 7 | ■ | 8 | ■ |
| ■ | 0 | ■ | ■ | ■ | ¹⁴2 | 8 | ■ |
| ¹⁵3 | 3 | ¹⁶6 | ■ | ¹⁷3 | 7 | ■ | ¹⁸2 |
| 9 | ■ | 6 | ■ | ¹⁹3 | 3 | 9 | 8 |
| 6 | ■ | ²⁰9 | 1 | 9 | ■ | ■ | 4 |

## Across

1. 192 + 309
3. 39 + 48
6. 16 + 27
8. 76 + 138
10. 156 + 205
11. 19 + 25
12. 24 + 35
13. 21 + 36
14. 11 + 17
15. 146 + 190
17. 13 + 24
19. 1359 + 2039
20. 417 + 502

## Down

1. 21 + 38
2. 52 + 94
4. 329 + 395
5. 36 + 58
7. 131 + 184
9. 531 + 957
10. 1774 + 2129
14. 124 + 149
15. 146 + 250
16. 257 + 412
17. 154 + 185
18. 123 + 161

## Across

1. 85 + 121
2. 29 + 47
3. 28 + 46
4. 21 + 29
5. 55 + 79
7. 121 + 183
8. 121 + 182
9. 34 + 48
10. 323 + 551
11. 3968 + 5953
13. 7 + 12
15. 3755 + 4508
16. 29 + 54

## Down

1. 914 + 1097
2. 2752 + 4681
4. 2186 + 3281
6. 1964 + 2358
9. 30 + 59
10. 330 + 561
11. 386 + 542
12. 71 + 122
14. 37 + 61

## Across

1. 85 + 121
2. 29 + 47
3. 28 + 46
4. 21 + 29
5. 55 + 79
7. 121 + 183
8. 121 + 182
9. 34 + 48
10. 323 + 551
11. 3968 + 5953
13. 7 + 12
15. 3755 + 4508
16. 29 + 54

## Down

1. 914 + 1097
2. 2752 + 4681
4. 2186 + 3281
6. 1964 + 2358
9. 30 + 59
10. 330 + 561
11. 386 + 542
12. 71 + 122
14. 37 + 61

## Across
1. 1605 + 2568
4. 34 + 50
6. 2046 + 3070
7. 16 + 30
8. 30 + 46
9. 3252 + 4880
14. 9 + 16
15. 198 + 259
17. 2453 + 3680
19. 672 + 1279
20. 26 + 52

## Down
2. 427 + 641
3. 1308 + 2225
4. 355 + 462
5. 160 + 306
10. 761 + 914
11. 88 + 168
12. 259 + 494
13. 336 + 405
14. 9 + 14
16. 20 + 39
18. 47 + 80

## Across
1. 1605 + 2568
4. 34 + 50
6. 2046 + 3070
7. 16 + 30
8. 30 + 46
9. 3252 + 4880
14. 9 + 16
15. 198 + 259
17. 2453 + 3680
19. 672 + 1279
20. 26 + 52

## Down
2. 427 + 641
3. 1308 + 2225
4. 355 + 462
5. 160 + 306
10. 761 + 914
11. 88 + 168
12. 259 + 494
13. 336 + 405
14. 9 + 14
16. 20 + 39
18. 47 + 80

## Across
1. 2716 + 3803
3. 34 + 46
4. 20 + 36
6. 1051 + 1472
9. 26 + 52
11. 73 + 133
13. 5 + 8
14. 2047 + 3276
17. 9 + 15
18. 15 + 28

## Down
1. 241 + 434
2. 314 + 598
3. 300 + 572
5. 227 + 433
7. 19 + 33
8. 142 + 229
10. 3226 + 5164
11. 1168 + 1636
12. 224 + 428
15. 142 + 201
16. 123 + 186

| | | | | | | | |
|---|---|---|---|---|---|---|---|
| ¹6 | 5 | 1 | ²9 | | ³8 | 0 | |
| 7 | | | 1 | | 7 | | |
| ⁴5 | ⁵6 | | ⁶2 | ⁷5 | 2 | ⁸3 | |
| | 6 | | | 2 | | ⁹7 | ¹⁰8 |
| ¹¹2 | 0 | ¹²6 | | | | ¹³1 | 3 |
| 8 | | ¹⁴5 | ¹⁵3 | 2 | ¹⁶3 | | 9 |
| 0 | | ¹⁷2 | 4 | | 0 | | 0 |
| ¹⁸4 | 3 | | 3 | | 9 | | |

## Across
1. 2716 + 3803
3. 34 + 46
4. 20 + 36
6. 1051 + 1472
9. 26 + 52
11. 73 + 133
13. 5 + 8
14. 2047 + 3276
17. 9 + 15
18. 15 + 28

## Down
1. 241 + 434
2. 314 + 598
3. 300 + 572
5. 227 + 433
7. 19 + 33
8. 142 + 229
10. 3226 + 5164
11. 1168 + 1636
12. 224 + 428
15. 142 + 201
16. 123 + 186

## Across

1. 374 + 450
4. 946 + 1421
6. 1524 + 2744
7. 27 + 41
8. 225 + 362
10. 511 + 717
12. 22 + 37
14. 610 + 915
17. 9 + 15
19. 26 + 44
20. 267 + 322

## Down

2. 919 + 1563
3. 16 + 26
4. 101 + 184
5. 28 + 48
7. 2132 + 4053
9. 2708 + 4877
11. 340 + 511
13. 372 + 558
15. 182 + 346
16. 92 + 157
18. 34 + 55

## Across

1. 374 + 450
4. 946 + 1421
6. 1524 + 2744
7. 27 + 41
8. 225 + 362
10. 511 + 717
12. 22 + 37
14. 610 + 915
17. 9 + 15
19. 26 + 44
20. 267 + 322

## Down

2. 919 + 1563
3. 16 + 26
4. 101 + 184
5. 28 + 48
7. 2132 + 4053
9. 2708 + 4877
11. 340 + 511
13. 372 + 558
15. 182 + 346
16. 92 + 157
18. 34 + 55

## Across

1. 353 + 565
3. 227 + 342
5. 72 + 131
6. 2188 + 3941
9. 241 + 435
13. 34 + 51
14. 1866 + 3361
15. 48 + 68
17. 9 + 19
18. 31 + 38

## Down

1. 4380 + 5256
2. 35 + 47
3. 18 + 35
4. 4182 + 5438
7. 717 + 934
8. 41 + 55
10. 289 + 463
11. 2417 + 3869
12. 261 + 314
13. 33 + 48
16. 21 + 39

## Across
1. 353 + 565
3. 227 + 342
5. 72 + 131
6. 2188 + 3941
9. 241 + 435
13. 34 + 51
14. 1866 + 3361
15. 48 + 68
17. 9 + 19
18. 31 + 38

## Down
1. 4380 + 5256
2. 35 + 47
3. 18 + 35
4. 4182 + 5438
7. 717 + 934
8. 41 + 55
10. 289 + 463
11. 2417 + 3869
12. 261 + 314
13. 33 + 48
16. 21 + 39

## Across

1. 933 + 1493
4. 262 + 448
5. 215 + 346
6. 29 + 39
7. 16 + 31
9. 222 + 289
12. 37 + 61
14. 2961 + 5036
16. 41 + 58
18. 43 + 52
19. 14 + 19
21. 29 + 53

## Down

2. 2036 + 2445
3. 29 + 36
4. 297 + 417
6. 2732 + 3827
8. 28 + 51
10. 6 + 11
11. 1770 + 3188
13. 2982 + 5071
15. 43 + 56
17. 37 + 56
20. 15 + 22
22. 9 + 15

**Across**

1. 933 + 1493
4. 262 + 448
5. 215 + 346
6. 29 + 39
7. 16 + 31
9. 222 + 289
12. 37 + 61
14. 2961 + 5036
16. 41 + 58
18. 43 + 52
19. 14 + 19
21. 29 + 53

**Down**

2. 2036 + 2445
3. 29 + 36
4. 297 + 417
6. 2732 + 3827
8. 28 + 51
10. 6 + 11
11. 1770 + 3188
13. 2982 + 5071
15. 43 + 56
17. 37 + 56
20. 15 + 22
22. 9 + 15

## Across

| | |
|---|---|
| 1. | 12 + 22 |
| 3. | 22 + 35 |
| 5. | 6 + 8 |
| 6. | 1273 + 1528 |
| 8. | 141 + 212 |
| 9. | 209 + 398 |
| 10. | 41 + 50 |
| 11. | 32 + 57 |
| 13. | 7 + 12 |
| 16. | 234 + 446 |
| 18. | 203 + 305 |
| 20. | 323 + 550 |

## Down

| | |
|---|---|
| 2. | 163 + 262 |
| 3. | 21 + 29 |
| 4. | 2652 + 4509 |
| 5. | 670 + 1208 |
| 7. | 37 + 46 |
| 8. | 130 + 221 |
| 10. | 348 + 558 |
| 12. | 353 + 638 |
| 14. | 355 + 605 |
| 15. | 242 + 365 |
| 17. | 36 + 52 |
| 19. | 32 + 49 |

# Across

| | |
|---|---|
| 1. | 12 + 22 |
| 3. | 22 + 35 |
| 5. | 6 + 8 |
| 6. | 1273 + 1528 |
| 8. | 141 + 212 |
| 9. | 209 + 398 |
| 10. | 41 + 50 |
| 11. | 32 + 57 |
| 13. | 7 + 12 |
| 16. | 234 + 446 |
| 18. | 203 + 305 |
| 20. | 323 + 550 |

# Down

| | |
|---|---|
| 2. | 163 + 262 |
| 3. | 21 + 29 |
| 4. | 2652 + 4509 |
| 5. | 670 + 1208 |
| 7. | 37 + 46 |
| 8. | 130 + 221 |
| 10. | 348 + 558 |
| 12. | 353 + 638 |
| 14. | 355 + 605 |
| 15. | 242 + 365 |
| 17. | 36 + 52 |
| 19. | 32 + 49 |

## Across
2. 33 + 61
3. 8 + 15
5. 216 + 348
7. 3204 + 3847
9. 33 + 44
10. 146 + 236
12. 21 + 38
14. 8 + 12
15. 734 + 1101
18. 213 + 405

## Down
1. 30 + 45
2. 408 + 532
4. 1254 + 2008
6. 294 + 383
8. 5 + 8
9. 3300 + 4622
11. 311 + 562
13. 364 + 547
16. 31 + 57
17. 17 + 35

**Across**
2. 33 + 61
3. 8 + 15
5. 216 + 348
7. 3204 + 3847
9. 33 + 44
10. 146 + 236
12. 21 + 38
14. 8 + 12
15. 734 + 1101
18. 213 + 405

**Down**
1. 30 + 45
2. 408 + 532
4. 1254 + 2008
6. 294 + 383
8. 5 + 8
9. 3300 + 4622
11. 311 + 562
13. 364 + 547
16. 31 + 57
17. 17 + 35

## Across
1. 1784 + 2499
4. 6 + 9
6. 22 + 32
7. 1151 + 1843
9. 14 + 21
10. 18 + 31
12. 274 + 439
14. 235 + 425
16. 19 + 39
18. 9 + 18
19. 183 + 276
21. 283 + 453

## Down
1. 1988 + 2586
2. 10 + 14
3. 1156 + 2081
4. 7 + 12
5. 186 + 354
8. 396 + 555
11. 3482 + 5573
13. 124 + 238
15. 2323 + 4414
17. 309 + 588
19. 17 + 25
20. 23 + 33

**Across**
1. 1784 + 2499
4. 6 + 9
6. 22 + 32
7. 1151 + 1843
9. 14 + 21
10. 18 + 31
12. 274 + 439
14. 235 + 425
16. 19 + 39
18. 9 + 18
19. 183 + 276
21. 283 + 453

**Down**
1. 1988 + 2586
2. 10 + 14
3. 1156 + 2081
4. 7 + 12
5. 186 + 354
8. 396 + 555
11. 3482 + 5573
13. 124 + 238
15. 2323 + 4414
17. 309 + 588
19. 17 + 25
20. 23 + 33

## Across

1. 30 + 41
3. 9 + 16
5. 1966 + 3147
7. 26 + 42
8. 1177 + 2002
9. 63 + 90
10. 236 + 355
12. 29 + 35
14. 1915 + 2873
16. 105 + 179
18. 16 + 21
20. 363 + 546

## Down

1. 270 + 487
2. 4 + 7
3. 963 + 1350
4. 36 + 62
6. 51 + 84
7. 257 + 438
9. 4 + 10
11. 3 + 7
12. 266 + 346
13. 10 + 18
14. 19 + 25
15. 377 + 453
17. 35 + 47
19. 30 + 49

Grid (filled):

| 7¹ | 1² |   | 2³ | 5 |   | 9⁴ |   |
|---|---|---|---|---|---|---|---|
| 5⁵ | 1 | 1⁶ | 3 |   | 6⁷ | 8 |   |
| 7 |   | 3⁸ | 1 | 7 | 9 |   |   |
|   | 1⁹ | 5 | 3 |   | 5¹⁰ | 9 | 1¹¹ |
| 6¹² | 4 |   |   | 2¹³ |   |   | 0 |
| 1 |   | 4¹⁴ | 7 | 8 | 8¹⁵ |   |   |
| 2¹⁶ | 8¹⁷ | 4 |   |   | 3¹⁸ | 7¹⁹ |   |
|   | 2 |   | 9²⁰ | 0 | 9 |   |   |

## Across
1. 30 + 41
3. 9 + 16
5. 1966 + 3147
7. 26 + 42
8. 1177 + 2002
9. 63 + 90
10. 236 + 355
12. 29 + 35
14. 1915 + 2873
16. 105 + 179
18. 16 + 21
20. 363 + 546

## Down
1. 270 + 487
2. 4 + 7
3. 963 + 1350
4. 36 + 62
6. 51 + 84
7. 257 + 438
9. 4 + 10
11. 3 + 7
12. 266 + 346
13. 10 + 18
14. 19 + 25
15. 377 + 453
17. 35 + 47
19. 30 + 49

## Across

1. 1059 + 2014
3. 35 + 47
5. 577 + 981
6. 158 + 253
8. 348 + 627
10. 14 + 27
12. 2002 + 2804
14. 394 + 474
16. 3087 + 4631
17. 325 + 553
18. 6 + 11

## Down

1. 1256 + 2387
2. 11 + 20
3. 32 + 53
4. 9 + 19
7. 688 + 1240
9. 227 + 320
10. 182 + 219
11. 674 + 1013
13. 3024 + 5747
15. 220 + 398

**Across**
1. 1059 + 2014
3. 35 + 47
5. 577 + 981
6. 158 + 253
8. 348 + 627
10. 14 + 27
12. 2002 + 2804
14. 394 + 474
16. 3087 + 4631
17. 325 + 553
18. 6 + 11

**Down**
1. 1256 + 2387
2. 11 + 20
3. 32 + 53
4. 9 + 19
7. 688 + 1240
9. 227 + 320
10. 182 + 219
11. 674 + 1013
13. 3024 + 5747
15. 220 + 398

## Across
1. 1712 + 2912
3. 179 + 342
5. 115 + 209
6. 25 + 32
8. 18 + 28
9. 105 + 168
10. 8 + 13
11. 337 + 541
12. 37 + 49
13. 24 + 30
14. 33 + 63
16. 114 + 195

## Down
1. 150 + 255
2. 1955 + 2348
3. 22 + 32
4. 39 + 77
7. 3172 + 4124
8. 1444 + 2745
10. 11 + 16
11. 3031 + 5458
12. 32 + 52
15. 301 + 362

Across
1. 1712 + 2912
3. 179 + 342
5. 115 + 209
6. 25 + 32
8. 18 + 28
9. 105 + 168
10. 8 + 13
11. 337 + 541
12. 37 + 49
13. 24 + 30
14. 33 + 63
16. 114 + 195

Down
1. 150 + 255
2. 1955 + 2348
3. 22 + 32
4. 39 + 77
7. 3172 + 4124
8. 1444 + 2745
10. 11 + 16
11. 3031 + 5458
12. 32 + 52
15. 301 + 362

## Across

1. 1947 + 2337
4. 348 + 594
5. 1877 + 3569
7. 3019 + 5437
9. 28 + 45
11. 21 + 36
12. 3334 + 4003
13. 20 + 26
14. 115 + 198
17. 20 + 39
18. 275 + 495

## Down

1. 1926 + 2505
2. 2933 + 5574
3. 16 + 28
4. 385 + 579
6. 19 + 29
8. 2097 + 3777
10. 1276 + 2297
12. 314 + 471
15. 5 + 12
16. 16 + 21

Across
1. 1947 + 2337
4. 348 + 594
5. 1877 + 3569
7. 3019 + 5437
9. 28 + 45
11. 21 + 36
12. 3334 + 4003
13. 20 + 26
14. 115 + 198
17. 20 + 39
18. 275 + 495

Down
1. 1926 + 2505
2. 2933 + 5574
3. 16 + 28
4. 385 + 579
6. 19 + 29
8. 2097 + 3777
10. 1276 + 2297
12. 314 + 471
15. 5 + 12
16. 16 + 21

## Across

1. 28 + 53
3. 2575 + 3864
5. 2472 + 4698
7. 1668 + 3003
9. 27 + 44
10. 265 + 479
12. 40 + 58
13. 1671 + 2007
15. 370 + 446
17. 232 + 419
19. 372 + 521

## Down

1. 350 + 525
2. 3 + 8
3. 275 + 331
4. 38 + 55
6. 308 + 433
8. 63 + 114
9. 339 + 442
11. 2022 + 2833
12. 3803 + 6085
14. 25 + 39
16. 214 + 409
17. 23 + 44
18. 7 + 12

**Across**

1. 28 + 53
3. 2575 + 3864
5. 2472 + 4698
7. 1668 + 3003
9. 27 + 44
10. 265 + 479
12. 40 + 58
13. 1671 + 2007
15. 370 + 446
17. 232 + 419
19. 372 + 521

**Down**

1. 350 + 525
2. 3 + 8
3. 275 + 331
4. 38 + 55
6. 308 + 433
8. 63 + 114
9. 339 + 442
11. 2022 + 2833
12. 3803 + 6085
14. 25 + 39
16. 214 + 409
17. 23 + 44
18. 7 + 12

## Across

1. 2715 + 4889
5. 15 + 28
6. 20 + 35
7. 62 + 106
9. 207 + 375
10. 379 + 607
11. 28 + 47
12. 2608 + 4695
14. 25 + 48
15. 31 + 44
16. 46 + 71
19. 280 + 393
21. 1983 + 2381

## Down

1. 3370 + 4045
2. 289 + 347
3. 19 + 26
4. 326 + 426
8. 331 + 564
9. 2365 + 3312
11. 3179 + 4135
13. 136 + 220
17. 4 + 9
18. 31 + 45
20. 15 + 20

# Across

1. 7 6 0 4     4. 7
5. 4 3   5     6. 5 5
7. 1 6 8   9. 5 8 2
5   10. 9 8 6
11. 7 5   12. 7 13. 3 0 3
14. 7 3   15. 7 5
16. 1 17. 1 18. 7   19. 6 7 20. 3
21. 4 3 6 4   5

## Across
1. 2715 + 4889
5. 15 + 28
6. 20 + 35
7. 62 + 106
9. 207 + 375
10. 379 + 607
11. 28 + 47
12. 2608 + 4695
14. 25 + 48
15. 31 + 44
16. 46 + 71
19. 280 + 393
21. 1983 + 2381

## Down
1. 3370 + 4045
2. 289 + 347
3. 19 + 26
4. 326 + 426
8. 331 + 564
9. 2365 + 3312
11. 3179 + 4135
13. 136 + 220
17. 4 + 9
18. 31 + 45
20. 15 + 20

## Across

1. 1709 + 3248
4. 6 + 11
5. 987 + 1481
7. 911 + 1551
9. 75 + 107
11. 9 + 20
12. 9 + 19
15. 35 + 46
16. 23 + 37
17. 8 + 12
18. 908 + 1637
20. 451 + 543
21. 3996 + 5595

## Down

1. 154 + 262
2. 2003 + 3205
3. 33 + 41
4. 83 + 101
6. 26 + 36
8. 24 + 36
9. 83 + 108
10. 983 + 1279
11. 975 + 1854
13. 3503 + 4556
14. 40 + 50
17. 117 + 142
19. 18 + 27

## Across
1. 1709 + 3248
4. 6 + 11
5. 987 + 1481
7. 911 + 1551
9. 75 + 107
11. 9 + 20
12. 9 + 19
15. 35 + 46
16. 23 + 37
17. 8 + 12
18. 908 + 1637
20. 451 + 543
21. 3996 + 5595

## Down
1. 154 + 262
2. 2003 + 3205
3. 33 + 41
4. 83 + 101
6. 26 + 36
8. 24 + 36
9. 83 + 108
10. 983 + 1279
11. 975 + 1854
13. 3503 + 4556
14. 40 + 50
17. 117 + 142
19. 18 + 27

## Across

1. 289 + 376
3. 255 + 307
5. 144 + 203
6. 5 + 11
8. 51 + 99
9. 26 + 43
11. 24 + 39
12. 966 + 1160
13. 330 + 497
14. 142 + 201
16. 370 + 593
17. 19 + 28

## Down

1. 314 + 377
2. 21 + 32
3. 203 + 368
4. 1093 + 1313
7. 2361 + 4251
10. 3711 + 5568
12. 123 + 160
14. 124 + 212
15. 12 + 22
18. 30 + 48

| 1:6 | 6 | 2:5 | ■ | 3:5 | 6 | 4:2 | ■ |
|---|---|---|---|---|---|---|---|
| 9 | ■ | 5:3 | 4 | 7 | ■ | 4 | ■ |
| 6:1 | 7:6 | ■ | ■ | 8:1 | 5 | 0 | ■ |
| ■ | 9:6 | 10:9 | ■ | ■ | ■ | 11:6 | 3 |
| 12:2 | 1 | 2 | 6 | ■ | ■ | ■ | ■ |
| 13:8 | 2 | 7 | ■ | 14:3 | 4 | 15:3 | ■ |
| 3 | ■ | 16:9 | 6 | 3 | ■ | 17:4 | 18:7 |
| ■ | ■ | ■ | ■ | 6 | ■ | ■ | 8 |

## Across

1. 289 + 376
3. 255 + 307
5. 144 + 203
6. 5 + 11
8. 51 + 99
9. 26 + 43
11. 24 + 39
12. 966 + 1160
13. 330 + 497
14. 142 + 201
16. 370 + 593
17. 19 + 28

## Down

1. 314 + 377
2. 21 + 32
3. 203 + 368
4. 1093 + 1313
7. 2361 + 4251
10. 3711 + 5568
12. 123 + 160
14. 124 + 212
15. 12 + 22
18. 30 + 48

## Across

1. 2209 + 4198
4. 304 + 519
5. 8 + 13
6. 391 + 471
7. 15 + 30
9. 398 + 559
11. 230 + 393
13. 1331 + 2263
14. 6 + 9
16. 1976 + 3756
18. 220 + 375
19. 11 + 23

## Down

1. 28 + 34
2. 159 + 255
3. 28 + 50
4. 296 + 533
8. 247 + 322
10. 190 + 344
12. 983 + 1476
14. 4 + 9
15. 217 + 306
17. 271 + 488
18. 21 + 35
20. 15 + 27

**Across**
1.  2209 + 4198
4.  304 + 519
5.  8 + 13
6.  391 + 471
7.  15 + 30
9.  398 + 559
11. 230 + 393
13. 1331 + 2263
14. 6 + 9
16. 1976 + 3756
18. 220 + 375
19. 11 + 23

**Down**
1.  28 + 34
2.  159 + 255
3.  28 + 50
4.  296 + 533
8.  247 + 322
10. 190 + 344
12. 983 + 1476
14. 4 + 9
15. 217 + 306
17. 271 + 488
18. 21 + 35
20. 15 + 27

## Across
1. 162 + 294
3. 16 + 31
5. 260 + 468
6. 13 + 23
7. 4 + 8
9. 102 + 175
10. 120 + 206
12. 341 + 513
16. 16 + 26
17. 215 + 367
18. 301 + 542
19. 3237 + 5181

## Down
1. 1560 + 2653
2. 23 + 44
3. 166 + 316
4. 26 + 50
6. 170 + 205
8. 845 + 1437
11. 29 + 36
13. 1624 + 2924
14. 1172 + 2112
15. 201 + 322

## Across
1.  162 + 294
3.  16 + 31
5.  260 + 468
6.  13 + 23
7.  4 + 8
9.  102 + 175
10.  120 + 206
12.  341 + 513
16.  16 + 26
17.  215 + 367
18.  301 + 542
19.  3237 + 5181

## Down
1.  1560 + 2653
2.  23 + 44
3.  166 + 316
4.  26 + 50
6.  170 + 205
8.  845 + 1437
11.  29 + 36
13.  1624 + 2924
14.  1172 + 2112
15.  201 + 322

## Across

1. 31 + 47
3. 4 + 7
5. 3630 + 4721
6. 194 + 370
8. 2739 + 5207
9. 2141 + 2998
12. 178 + 323
14. 34 + 65
15. 304 + 366
17. 42 + 78
19. 323 + 420
21. 34 + 59
22. 25 + 45

## Down

1. 3268 + 4577
2. 33 + 50
3. 5 + 6
4. 134 + 230
6. 22 + 37
7. 1937 + 2712
10. 1401 + 2103
11. 37 + 53
13. 4 + 7
14. 34 + 56
16. 297 + 476
18. 118 + 179
20. 13 + 24

## Across

1. 31 + 47
3. 4 + 7
5. 3630 + 4721
6. 194 + 370
8. 2739 + 5207
9. 2141 + 2998
12. 178 + 323
14. 34 + 65
15. 304 + 366
17. 42 + 78
19. 323 + 420
21. 34 + 59
22. 25 + 45

## Down

1. 3268 + 4577
2. 33 + 50
3. 5 + 6
4. 134 + 230
6. 22 + 37
7. 1937 + 2712
10. 1401 + 2103
11. 37 + 53
13. 4 + 7
14. 34 + 56
16. 297 + 476
18. 118 + 179
20. 13 + 24

## Across

1. 83 + 150
4. 560 + 729
5. 3515 + 6329
6. 1833 + 2384
7. 86 + 140
9. 2332 + 3967
12. 18 + 25
14. 35 + 51
16. 347 + 452
18. 3398 + 4418

## Down

2. 1650 + 2312
3. 13 + 25
4. 51 + 93
7. 1016 + 1831
8. 22 + 44
10. 7 + 16
11. 411 + 577
13. 13 + 26
15. 27 + 34
17. 35 + 63
19. 28 + 34

**Across**
1. 83 + 150
4. 560 + 729
5. 3515 + 6329
6. 1833 + 2384
7. 86 + 140
9. 2332 + 3967
12. 18 + 25
14. 35 + 51
16. 347 + 452
18. 3398 + 4418

**Down**
2. 1650 + 2312
3. 13 + 25
4. 51 + 93
7. 1016 + 1831
8. 22 + 44
10. 7 + 16
11. 411 + 577
13. 13 + 26
15. 27 + 34
17. 35 + 63
19. 28 + 34

## Across
1. 4260 + 5113
4. 17 + 31
5. 1349 + 2566
6. 17 + 26
7. 311 + 467
10. 10 + 17
12. 20 + 33
14. 3 + 8
15. 5 + 10
16. 1629 + 1955
19. 2143 + 3429
20. 34 + 55
21. 26 + 52

## Down
1. 3360 + 5712
2. 271 + 463
3. 1513 + 2422
4. 169 + 288
8. 30 + 41
9. 27 + 54
11. 2981 + 4174
13. 143 + 172
15. 6 + 9
16. 11 + 21
17. 30 + 58
18. 207 + 290

## Grid

| | | | | | | | |
|---|---|---|---|---|---|---|---|
| ¹9 | 3 | ²7 | ³3 | ■ | ⁴4 | 8 | ■ |
| 0 | ■ | ⁵3 | 9 | 1 | 5 | ■ | |
| 7 | ■ | ⁶4 | 3 | ■ | ⁷7 | ⁸7 | ⁹8 |
| ¹⁰2 | ¹¹7 | ■ | ¹²5 | ¹³3 | ■ | ¹⁴1 | 1 |
| ■ | 1 | ■ | ■ | 1 | ■ | | |
| ¹⁵1 | 5 | ■ | ¹⁶3 | 5 | ¹⁷8 | ¹⁸4 | ■ |
| ¹⁹5 | 5 | 7 | 2 | ■ | ²⁰8 | 9 | ■ |
| ■ | ■ | ■ | ■ | ■ | ²¹7 | 8 | |

## Across
1. 4260 + 5113
4. 17 + 31
5. 1349 + 2566
6. 17 + 26
7. 311 + 467
10. 10 + 17
12. 20 + 33
14. 3 + 8
15. 5 + 10
16. 1629 + 1955
19. 2143 + 3429
20. 34 + 55
21. 26 + 52

## Down
1. 3360 + 5712
2. 271 + 463
3. 1513 + 2422
4. 169 + 288
8. 30 + 41
9. 27 + 54
11. 2981 + 4174
13. 143 + 172
15. 6 + 9
16. 11 + 21
17. 30 + 58
18. 207 + 290

Made in United States
Troutdale, OR
07/27/2023